MÉMOIRES

DE LA

SOCIÉTÉ D'AGRICULTURE

COMMERCE, SCIENCES ET ARTS

DU DÉPARTEMENT DE LA MARNE.

ANNÉE 1882-1883.

CHALONS-SUR-MARNE

Chez Auguste **DENIS**, libraire de la Société,
RUE SAINTE-CROIX, 14.

1883.

EN VENTE

CHEZ AUGUSTE DENIS

LIBRAIRE DE LA SOCIÉTÉ ACADÉMIQUE DE LA MARNE

Rue Sainte-Croix, 14,

A CHALONS.

Mémoires de la Société de 1845 à 1870. . . . . 2 fr. le vol.
    Les volumes antérieurs (depuis 1807) sont complétement épuisés.
Année 1870-1871. . . . . 3 fr. —
    Avec 8 planches de monnaies et médailles.
Année 1872-1873. . . . . 3 fr. —
Année 1873-1874. . . . . 5 fr. —
    Avec 8 planches de lichens et d'archéologie, dont 6 en couleur.
Année 1874-1875. . . . . 10 fr. —
    Avec 16 planches hors texte, dont plusieurs en or et couleur, et de nombreux dessins intercalés dans le texte.
Année 1875-1876. . . . . 6 fr. —
Année 1876-1877, avec planches. . . . . 6 fr. —
Année 1877-1878, avec planches. . . . . 6 fr. —
Année 1878-1879, avec planches. . . . . 6 fr. —
Année 1879-1880, avec planches. . . . . 6 fr. —
Année 1880-1881, avec planches. . . . . 6 fr. —
Année 1881-1882, avec planches. . . . . 6 fr. —

EXTRAIT DU RÈGLEMENT DE LA SOCIÉTÉ

Art. 12. — Les Associés correspondants paient une cotisation annuelle de cinq francs.

Ils reçoivent franco les Mémoires de la Société.

Les Sociétés savantes qui reçoivent ces Mémoires sont priées d'envoyer en échange les Ouvrages qu'elles font imprimer.

ÉDOUARD DE BARTHÉLEMY

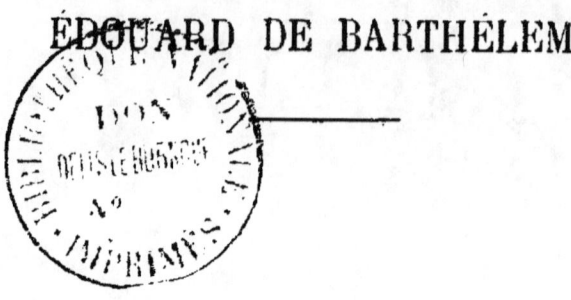

CARTULAIRE

DE

L'ABBAYE D'ANDECY

CARTULAIRE

DES

PRIEURÉS D'ULMOY & DE MATHONS

DU CHAPITRE DE TOURS-SUR-MARNE

ET

RECUEIL DE CHARTES

DE L'ABBAYE D'ANDECY.

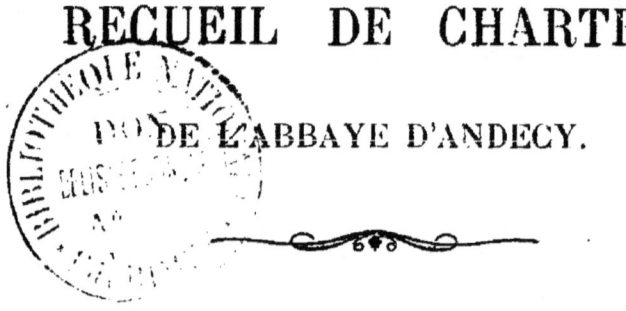

Il nous a paru intéressant de publier les cartulaires de trois petits établissements religieux de nos contrées dont l'existence est à peine connue et dont les chartriers sont complètement inédits. Nous voulons parler du prieuré d'Ulmoy, membre de l'abbaye de Saint-Bénigne de Dijon ; de la maison des Bonshommes de Mathons, seule maison de l'ordre de Grandmont, dans notre ancien diocèse ; du chapitre de Tours-sur-Marne, dépendance du chapitre de Tours en Touraine. Ces documents sont conservés au dépôt des Archives de la Marne. Nous y ajouterons quelques chartes de l'abbaye d'Andecy, demeurées en la possession de M. d'Audeville, propriétaire actuel du domaine, qui a bien voulu nous les communiquer avec une parfaite obligeance.

Comte Ed. de BARTHÉLEMY.

I

ABBAYE DE NOTRE-DAME D'ANDECY

Simon de Broyes paraît avoir aimé singulièrement les ordres religieux, car il ne créa pas moins de trois abbayes dans les environs immédiats de son château, au Reclus, à Oyes et à Andecy. Nous avons publié ici-même le cartulaire de Saint-Pierre d'Oyes ; en ce moment M. le baron Joseph de Baye prépare une histoire du Reclus : il nous a paru intéressant de dire quelques mots d'Andecy en faisant connaître les documents, absolument inédits, qui existent encore dans l'abbaye.

C'est en 1131 que le comte de Champagne accorda sa confirmation à l'abbaye d'Andecy ; la charte existe en original au dépôt des Archives de la Marne, et il y en a une copie ancienne dans le chartrier de M. d'Audeville. Mais, comme elle a été publiée dans la *Gallia christiana* (1), nous nous contenterons de la résumer brièvement. Simon de Broyes, y est-il énoncé, avait amené des Bénédictines de Julliers (2) et il les installa dans le vallon pittoresque d'Andecy, aux portes de Baye. Il fit largement les choses,

---

(1) Les auteurs paraissent croire que l'abbaye existait auparavant et que Simon de Broyes ne fut que le promoteur d'une restauration. Le monastère aurait probablement existé au lieu dit encore aujourd'hui le Vieil-Andecy, et aurait disparu vers la fin du XIe siècle. C'est alors que le seigneur de Broyes aurait pris l'initiative de son rétablissement.

(2) Abbaye du diocèse de Langres, de la filiation de Molesme.

car il donna les lieux dits Vive-Fontaine et Andecy, la terre comprise entre le chemin de Baye, le bois Mallet, le mont Roland, la route de Coizard et le bois de Congy ; le moulin et le bois de Tourbillon, le moulin près l'église de Baye, une rente de 24 septiers de blé sur le moulin de Hermenond, le pré Saint-Pierre, les dîmes de Joches et de Villevenard, la porte Bérenger à Broyes, pour l'entretien de la lampe du dortoir, les portages des portes Bérenger et la Gate pour la pitance de carême ; une rente de deux muids de vin sur son cellier, les vergers de Baye, et près de la maison des Lépreux, les terrages et les dîmes de la terre contestée entre lui et Manassès de Pleurs, entre le mont Avon et Connantre ; la dîme d'Ormes, les granges d'Anglure et de Nuisement, un quarteron de pain par semaine sur le four d'Allibaudières. Les seigneurs des environs suivirent son exemple : Hugues de Montmort donna le moulin de Mareuil, celui sis près de Montmort et une terre pour deux charrues ; Manassès de Pleurre, Héli de Montmirail, Anceaux de Traisnel, Gui *de Memorio*, la grange de Soisy ; Gui de Mésy, la grange d'Entresme ; Henri, chevalier laonnois, une part des dîmes de Saint-Remy ; Odon de la Celle-sous-Montmirail, partie des dîmes ; Drogon de Lachy, dîmes à Boissy-le-Repos ; Marie de Broyes, dîmes à Leschères. Tous cédèrent l'usage de leurs bois et de leurs pâturages en donnant tous droits d'acquérir librement dans leurs fiefs et l'autorisation à *tout homme et femme* de prendre l'habit dans l'abbaye et de lui donner leurs biens. Le comte fit de même et céda, en outre, deux parts des dîmes de Marsigny. Ajoutons qu'un seigneur éloigné de la contrée, Bertrand de Luxémont, près Vitry, figure comme donateur du tiers du moulin de Saint-Martin-sur-Blaise et du droit de pêche à Sogny.

Cet élan de générosité ne se ralentit pas pendant tout le xiie siècle. Une charte du comte de Champagne, de **1154**, conservée au dépôt de Châlons et en copie à Andecy, renferme un don de dîmes à Clesles et à Droup-Sainte-Basle et approuve de larges donations par Guillaume de Dampierre, Herpin de Méry, Payan de Montmort, Hugues de Plancy. Nous ajouterons l'usage des bois, des pâturages, et la permission à leurs hommes et femmes de prendre l'habit au monastère. De même, en 1161, le comte Henri donne des rentes de 40 sols sur sa terre de Sézanne et de 15 muids de vin sur les vinages, et confirme les aumônes de Hugues de Broyes, de Jean de Pleurre, de Payan de Montmort, Clarembaud de Montfélix, Renaud de Chouilly, Gautier Bordellus, Vautier et Nicolas de Chantemerle, Olivier de Dronay, Renaud de Theniers, Odon de Chalonges, Bruno de Pleurre, Pierre Frument, avec la même concession générale que ci-dessus. Le comte la renouvelait également et stipulait que les délits causés par les bêtes dans les bois et les pâturages seraient indemnisés sans procès ni amendes.

On sait que l'abbaye était un monastère double, mais il ne dut prendre ce caractère, contrairement à l'assertion des auteurs du *Gallia*, que postérieurement à sa fondation, puisque la charte de 1131 constate que le seigneur de Broyes n'avait amené que des religieuses de Julliers. On ne sait rien sur l'époque où les religieux quittèrent Andecy.

Les donations continuèrent encore au xiiie siècle, puis le monastère, redevenu seulement maison de femmes à une époque indéterminée, subsista jusqu'en 1789 sans que son histoire offre d'incidents à noter. Une question agita cependant gravement les religieuses au xviie siècle. A cette époque M. Le Lon, riche financier, père de Marion Le Lon de l'Orme, était devenu acquéreur de la baronnie de Baye, le 22 février 1603, et probablement très entiché de sa fraîche noblesse, il voulut recouvrer ses titres et privilèges de fondateur de Notre-Dame d'Andecy. Il entama un procès, mais il mourut peu de temps après, et sa terre fut vendue judiciairement, en 1625, à M. Larcher, père du marquis d'Esternay ; celui-ci ne laissa pas tomber cette prétention et il mena sérieusement les choses, qui traînèrent par exemple longtemps devant la justice. Nous avons retrouvé les pièces de ce procès dans le chartrier de M. d'Audeville, et nous croyons intéressant de donner une analyse rapide du mémoire défensif des religieuses. Il est d'ailleurs fort curieux pour l'histoire du monastère. L'avocat de ces dames y défend le terrain pied à pied ; il est certain que Simon de Broyes n'était pas seigneur de Baye et qu'il n'a fait aucune réserve quant au titre de fondateur, mais il y avait un peu d'ingratitude à le lui refuser après tant de générosité de sa part.

La terre d'Andecy est différente de celle de Baye, puisque : 1º dans la charte du comte Thibaut (1131), Andecy, le vieil, ou le nouveau, sous le nom de Vive-Fontaine, est clairement cité à part ; 2º Hugues de Broyes, fils de Simon, en confirmant le don de son père (1172), reconnaît que tout ce qui a été donné aux religieuses d'Andecy est mouvant du fief et de l'église dudit Andecy ; 3º l'arrêt de 1350, rendu contre Simon de Châteauvillain, seigneur de Baye, déclare que la seigneurie d'Andecy relevait en plein fief du comté de Champagne au temps des sires de Broyes, puis de l'évêché de Châlons, suivant l'aveu dudit du 14 mai 1256 ; 4º dans le bail de 1533 d'une maison est formulée cette explication précise : « Maison, cour, jardin et tènement, en la seigneurie d'Andecy, tenant d'une part aux fossés faisant la séparation des seigneuries et terres d'Andecy et de Baye ; » 5º il existait une justice avec officiers différents reconnus par les officiers mêmes de la justice de Baye, dans un acte du mois de juillet 1561.

Les religieuses repoussaient les prétentions du président Larcher à se faire reconnaître fondateur de l'abbaye comme successeur de Simon de Broyes, en qualité de seigneur de Baye, et prouvaient que ledit Simon n'a jamais été seigneur dudit lieu puisqu'il n'en prend même pas la qualité dans la charte de 1131 du comte de Champagne, et qu'on ne le trouve pas non plus dans la charte de son fils Hugues, de 1172.

Elles soutenaient aussi que ledit Simon de Broyes n'était pas le fondateur du monastère, puisque, s'il a donné les lieux de Vive-Fontaine et d'Andecy, il ne paraît nullement que lui ni son fils aient participé à la construction des bâtiments, et, dans la lettre de 1131, il se trouve divers seigneurs qui ont, en même temps que ledit Simon, fait des donations plus ou moins considérables. Les textes canoniques déclarent expressément que, pour être réputé fondateur d'un monastère, il faut avoir fait faire les édifices ; il n'a jamais été reconnu suffisant d'avoir donné le fonds. Dans sa charte confirmative de 1150, l'archevêque de Reims dit qu'Andecy a été fondé et enrichi par les aumônes du roi et des princes. Or, le titre de fondateur n'est pris ni par Eudes de Broyes, petit-fils de Simon, dans une transaction passée par-devant l'évêque de Troyes en 1240 ; ni par Jean de Châteauvillain, descendant direct de Simon, donnant en 1286 une rente de 6 septiers de blé sur les terrages de Baye. D'ailleurs, aucun titre n'existe pour indiquer qu'un seigneur quelconque de Baye ait exercé aucun droit de fondateur à Andecy. Ces seigneurs n'y paraissent en outre jamais avoir prétendu, car ils ne figurent dans aucun des aveux fournis aux évêques de Châlons (28 février 1402, 1er février 1458, 31 janvier 1509), ni dans l'acte de partage des héritiers de Alpin de Béthune, seigneur de Baye (16 septembre 1546).

Le président Larcher se fondait pour soutenir ses prétentions : 1° sur ce que la principale redevance de l'abbaye, de six muids de grains, se prenait sur la terre de Baye, qualifiée de la fondation d'après le terme de l'arrêt du Parlement du 6 janvier 1550, condamnant Robert de Béthune, seigneur de Baye, à la payer. Or, cette redevance n'était nullement celle de 24 septiers mentionnée dans l'acte de 1131, moitié blé et avoine, reposant sur le moulin d'Hermenond, représentant 2 muids et non 6. Or, cette rente a été constituée postérieurement et en plusieurs fois sur Baye : don de 27 septiers de blé et 14 d'avoine, par Hugues de Broyes (1172) ; don de 6 septiers de blé et 6 d'avoine, par le même, confirmé par sa femme Elisabeth de Châteauvillain (1202) ; un muid moitié blé et moitié avoine, donné par Anselme de Montmort (1239) ; don de 27 septiers, par Simon de Châteauvillain (1243) ; don de 6 septiers, par Jean de Châteauvillain (1286). Ces rentes font le total de 6 muids et au-delà.

2° Sur la charte de 1172, dans laquelle Hugues de Broyes s'exprime ainsi :

Ego laudo et confirmo quidquid carissimus pater Simon dominus Brecarum et antecessores dederunt... Confirmo etiam eisdem quidquid continetur infra divisiones circa ecclesiam predictam divisas prout in litteris patris mei super hoc et *super fundatione* predictæ ecclesiæ confectis...

Mais on répondait que Hugues distinguait précisément la charte de Simon de celle de fondation, et que la charte de 1131 ne contenait rien qui préjugeât en ce sens. Quant à l'arrêt de 1350, duquel le président arguait une reconnaissance de la part des religieuses, en voici le texte :

Religiosis inter cætera proponentibus Simonem tunc Brecarum militem dicitas religiosas fundasse et earum ecclesiam, pure ac absolute dotasse pluribus bonis et specialiter de loco Andeciarum, gardia ipsarum religiosarum et monasterii, dicto comiti (Campanie) retenta, qui comes et ejus successores possessionem dicte gardie continuaverunt.

Or, on répliquait que Simon ne recevait pas le titre de seigneur de Baye ; que l'acte ne constatait pas que les terres données fussent sur le territoire de Baye ; que la donation était pure et simple, sans réserve aucune, tandis que celle du comte était accompagnée de la réserve de la garde. Les autres actes présentés en ce sens par le président étaient relativement récents et simplement énonciatifs, sans nulle justification ; ils étaient combattus d'ailleurs par d'autres actes du XVIe siècle déclarant Andecy de fondation royale (arrêt de juillet contre Alpin de Béthune, qui ne réclame pas).

La prétention du président à refuser au comte Thibaut la qualité de fondateur, comme n'ayant rien donné à l'abbaye, n'est pas soutenable, puisque l'acte de 1131 contient lui-même des dons de dîmes, usages dans les bois, etc., et ses successeurs l'ont imité, comme les chartes le prouvent. Et il faut remarquer qu'au même moment où plusieurs seigneurs donnaient des biens au nouveau monastère, le comte figurait parmi eux et était assurément le plus considérable et le souverain du pays. La réserve expresse du droit de garde parut, même aux religieuses, emporter le titre de fondateur, les autres bienfaiteurs ne se l'étant pas stipulé pour eux.

Les religieuses repoussaient l'autorité de Duchesne, invoquée comme preuve que Simon de Broyes était seigneur de Baye, puisque cet historien ne produit aucun document à l'appui.

Le président arguait d'un cartulaire de l'abbaye dont l'existence est constatée par un procès-verbal dressé en 1605 à la requête du sieur Le Lon, alors seigneur de Baye : il contenait 47 feuillets, mais depuis il a disparu du chartrier de l'abbaye.

Le président invoquait la première pièce au nom de Simon, seigneur de Broyes, comme véritable acte de fondation, antérieure à la charte de Thibault, mais en en reproduisant seulement les deux premières lignes, ce qui empêchait, en ignorant le contenu, de pouvoir s'appuyer raisonnablement dessus. Or, ledit Le Lon ne l'ayant pas fait, alors qu'il soutenait les mêmes prétentions que M. Larcher, il est plus que présumable que ce document ne devait pas plaider en sa faveur.

Mais, dans le procès-verbal susdit, on a transcrit *in extenso* trois pièces dudit cartulaire : 1° don par le seigneur de Courcemain et la dame de Pleurre d'un terrage, et par Félicité, femme de Simon de Broyes, d'une dîme en 1108, preuve que l'abbaye existait bien avant la prétendue fondation de 1131 ; 2° autre don par Garnier, prêtre de Chasséricourt, de l'an 1125 ; 3° confirmation de 1246 par Simon de Châteauvillain, fils de Hugues, petit-fils de Simon, qui n'attribue à aucun de ses ascendants le titre de fondateur.

Le monastère devait exister avant 1131, puisque l'acte par lequel Simon donne le lieu de Vive-Fontaine ajoute : « Tradidit idem Simon *prefate* domui » ; il y avait donc une maison, et cette maison contenait des religieux des deux sexes, puisque dans l'acte de 1131, Simon autorise ses hommes et femmes de corps à y prendre l'habit. Ce double caractère est d'ailleurs prouvé par la charte du comte Henri, de 1181, adressée aux juges de Sézanne et de Provins pour informer d'un vol fait par le religieux Chambrier d'Andecy à un frère convers, au préjudice de l'abbesse, de son sceau, pour fabriquer des contrats faux. Et, par une une charte de l'abbesse Tesseline, de l'an 1225, mentionnant le frère Remy, cellerier du monastère, et ordonnant que les revenus du moulin dit Quincampoix seraient partagés, au jour de son anniversaire, entre les moines et les religieuses d'Andecy (1).

Le parlement donne gain de cause au demandeur, auquel il était réellement difficile de contester un droit réel, et qui d'ailleurs, était un personnage avec lequel il fallait évidemment compter, car c'était au moment où l'arrêt fut rendu — 19 février 1687 — Michel Larcher, marquis d'Olisy, conseiller d'Etat, intendant à Rouen, transféré à Châlons en 1691. Les religieuses, cependant, n'eurent pas non plus à se plaindre, car s'il leur était défendu de se qualifier de fondation royale et si on reconnaissait au marquis le titre

---

(1) Les mémoires de l'abbesse furent rédigés et signés par l'avocat Daegnier ; le conseiller Tronsson, rapporteur.

de fondateur, l'arrêt lui refusait tout droit réel sur le monastère, qui conservait l'exercice complet de sa haute justice et de toutes ses franchises.

Voici maintenant l'analyse des chartes (1) dont les originaux existent au chartrier d'Andecy. On y trouve également un grand nombre de baux des xve et xvie siècles.

1171. Mathieu, évêque de Troyes, déclare que Henri, comte de Troyes, a donné aux religieuses d'Andecy une rente de 40 sols sur ses cens de Sézanne ; — noble dame Félicité, la grange de Chasteler, l'usage dans ses bois et pâturages ; le tiers des dîmes de Nigelle, Bussy-le-Repos, des Essarts, du consentement de ses fils Hugues, seigneur de Broyes et Simon de Beaufort ; — Hugues de Broyes, deux parts de la dîme de Reuves, le quart de celle du vin, celle de la terre dite *Venatorum* et de celle dite *Perte* ; — Hugues, seigneur de Plancy, quatorze arpents de prés à Plancy ; — la dame Julienne, une rente d'un muid de blé sur son terrage de Plancy, avec une autre de 12 septiers avoine-seigle ; — Nicolas de Chantemerle, le terrage de Nuisement ; — Harold de Chantemerle, le terrage de Senz (?) et ce qu'il avait en la forêt ; — Olivier de Dronay, l'usage dans le bois dit Choutauboie, la pâture en sa terre, le droit d'acquérir sa seigneurie et la permission pour ses hommes et femmes de prendre l'habit dans l'abbaye ; — Abelin de Toulon, une rente de 8 septiers de blé-avoine sur son terrage dudit lieu ; — Pierre Frumencius, une rente de 24 septiers de blé sur le moulin Beckerel, la jus-

---

(1) Deux seules de ces chartes figurent dans le recueil de M. l'abbé Lalore, *Collection des principaux cartulaires du diocèse de Troyes*, tome IV, pages 259-271. Ce sont celles de 1171 et de 1195, mais partiellement seulement ; la seconde notamment ne mentionne dans le recueil Lalore que la donation de Verceul et Nuisement.

tice dudit et un champ devant ; — l'évêque ajoute que les religieuses possèdent en outre la dixième partie du moulin Folat, près Sézanne, 4 septiers de blé sur le moulin Bernard, 3 sur le moulin Folat, près Crahaudon ; la maison des religieuses à Sézanne, rue Goëz, franche du rouage ; 11 arpents de vigne au même territoire ; la grosse dîme de Clesle, celle de Bagneux avec les cens *de atrio*, un cens de 12 deniers sur la masure du curé dudit lieu et les cens dus sur la masure de Clesles.

1172. Hugues, seigneur de Broyes, confirme les dons faits par ses ascendants et la justice des bois aumônés à l'abbaye sous sa garantie personnelle, en reconnaissant aux religieuses le droit de justice sur les individus qui assailleraient les clôtures du monastère ou de ses granges : « Quod dicti malefactores teneantur eisdem monialibus ad foris facta » ; ce que louent ses héritiers Garnier, Thibaut. Il donnait en outre franchise sur sa terre au meunier occupant le moulin de *Turbiliong*, cédé par son père à condition qu'il ne sera plus banal.

1182. Simon, seigneur de Beaufort (*de Belloforte*) donne sa maison, sise près de la grange de Chastelet. Témoins : Geoffroy, seigneur de Joinville, son frère ; Drogon, son chapelain ; Pierre, chapelain du sire de Broyes, également son frère ; Gaucher de *Codis*, Mathieu de Montmirail, Colin de *Remerude*.

..... Hugues, seigneur de Broyes, loue le don fait par sa mère Félicité de toute la terre de Chastelet. Témoins : Pierre, son chapelain ; Gilbert de Romilly, Rivard de Broyes, Pierre de Sézanne, Anceau Charnez de Broyes.

1195. Garnier, évêque de Troyes, déclare que, en sa présence, Bernard, prêtre d'Olmes, a donné sa terre avec prés, maison d'Olmes, pour après lui, à la réserve de la maison curiale chargée de 8 deniers de cens à ladite abbaye et en échange de la jouissance viagère des mêmes dîmes ; — Ancher, mayeur de Sainte-Marguerite, sa terre sise entre

Verceul et Nuisement, les troupeaux qu'il avait à moitié dans la maison des religieuses de Nuisement pour après lui ; — Drogon de Plancy, chanoine de Troyes, le sixième de la dîme de Champ-Fleury ; — noble Ode de Coizard et Aymée, sa fille, approuvant son fils Hénri Grivel, une rente de 4 septiers de blé sur le terrage de Charny ; — noble Garin de Méry, une rente d'un demi muid de blé sur le moulin de Poix. Témoins : Gautier, abbé de Molesme ; Milon de Saint-Albin, chanoine de Troyes, Odon Corsaut, prieur de Sainte-Marguerite, Pierre, chevalier de Montrampon.

1219. Simon, seigneur de Châteauviliain, chevalier, confirme tous les dons faits par feu son père, Hugues de Broyes, à l'abbaye de Notre-Dame d'Andecy.

1225, octobre. Thomas de Coucy, seigneur de Vervins, donne « cuidam domui ecclesii Andecciarum que domus vulgariter appellatur de Chastelerii », sept arpents de bois sis entre ladite maison et le chemin de Loen, approuvant sa femme Mathilde.

1239. Anceau de Montmort *(de Monte Mauro)*, chevalier, fait savoir que les seigneurs de Baye, quels qu'ils soient, sont tenus de servir à l'abbaye une rente d'un muid de blé-seigle, mesure de Montmort, à la Saint-Martin d'hiver, hypothéquée sur tous ses biens.

1257, août. Guillaume, sire de Loisy, chevalier, pour le repos de son âme et de l'âme de sa femme Jeanne, donne 10 livrées de terre de rente à Villevenart, lieudit la Bougenie, dont l'abbaye prendra 50 sols pour les deux anniversaires et, avec le surplus, entretiendra un chapelain pour chanter à un obit et célébrer trois messes de *requiem* pour les donateurs. (Vidimus de l'évêque de Châlons, de l'an 1302).

1297. Approbation de ladite donation par Jean, seigneur de Châteauvillain, frère dudit Guillaume de Loisy.

1300, novembre. Guillaume, sire de Loisy, chevalier, vicomte de Loon, et Béatrix de Sorcy, sa femme, reconnaissent ce don.

Id. Même reconnaissance particulière par ladite Béatrix, vicomtesse de Loon.

Id. Même approbation par Jean de Châteauvillain.

II

CHAPITRE SAINT-MAURICE DE TOURS-SUR-MARNE

Ce chapitre est un des établissements religieux les plus anciens de notre département et aucun auteur, à l'exception de dom Marlot, ne s'en est occupé. Flodoart nous apprend que le roi Charles-le-Simple ayant donné au chapitre de Tours une portion du village de Tours-sur-Marne, l'archevêque de cette ville obtint de l'archevêque Hincmar la permission d'élever, dans cette partie de la paroisse, un oratoire sous sa juridiction : il y fonda quatre canonicats. A ce bref renseignement se bornent toutes les indications fournies par les ouvrages imprimés, et de fait, le chapitre de Tours-sur-Marne n'a pas d'histoire, car aucun événement ne s'y rattache. Il y avait deux offices ou dignitaires attachés à deux des canonicats : celui de sacristain et celui de trésorier.

La première charte qui se trouve dans le fonds de Tours-sur-Marne aux Archives de la Marne, nous paraît s'être égarée dans ces parages champenois, car sa présence y est autrement inexplicable. C'est une donation faite par Robert de Semblançay, en présence d'Engelbaud, archevêque de Tours, de 1149 à 1156, d'une certaine quantité de terres, au bois Robert, avec un étang et une place à moulin, au profit de Geoffroy, *inclusus* — adjectif évidemment synonyme de *reclusus* — (indiquant un de ces solitaires qui faisaient vœu de demeurer perpétuellement renfermés dans une cellule), avec le droit de bâtir en ce lieu un oratoire avec des maisons à l'entour. Le document ne se rapporte évidemment pas à Tours en Champagne, tous les noms des témoins sont étrangers à la province : Semblançay était une seigneurie importante des environs de Tours. Nous croyons cependant devoir conserver cette pièce, à titre de curiosité et comme pouvant servir à éclaircir un fait historique inédit en Touraine.

Toutes les autres pièces concernent le chapitre de Tours-sur-Marne, qui subsista de nom jusqu'à la Révolution.

Il existait concurremment à Tours un prieuré qui datait d'une haute ancienneté.

L'église paroissiale et la dîme furent usurpées, comme cela arriva souvent au commencement du moyen-âge, par des seigneurs laïques. Une charte de l'archevêque Rodolfe de Reims, de l'année 1115, nous apprend, en effet, que Manassès de Pleurre donna à l'abbaye de Cluny la dîme de Tours, qu'il tenait de ses ancêtres, en vue d'obtenir la rémission de ses péchés. Le privilège accordé en 1119 par Louis VI, à l'abbaye, mentionnne, pour la première fois parmi ses possessions le prieuré de *Turribus super Matronam*. Le seigneur de Pleurre avait cependant conservé l'église, les oblations et autres biens en dépendant : l'archevêque Renaud ne voulut pas tolérer un pareil abus et, en 1125, il décida les seigneurs, « potentes de Plaiostro », à abandonner une propriété « quod diu injuste possidebant ». Ce prieuré, d'après dom Marlot, prit un grand développement : de son temps, il devait y avoir deux religieux, sans le doyen, pour chanter tous les jours la messe, les matines, les vêpres, trente psaumes, faire tous les jours l'aumône aux pauvres passants et une aumône générale le dimanche. L'établissement des commendes réduisit peu après ce prieuré à un simple titre nouveau.

Vers 1152 :

In nomine sancte et individue Trinitatis in perpetuum. Numquam in eodem statu humane fragilitatis caduca permanet mor-

talitas, unde quod in presenti agitur sepessime oblivionis fuligine.
..... Eo igitur veneranda patrum aucthoritas in posterum sibi
precavens non inconsulte sanctivit ut quod sub presenti.......
tione geritur: litterarum memorie commendetur ac commendando
firmius conservetur. Ego itaque Robertus de Semblenciaco.....
ipsi in futurum consulens sanctissime peticioni domini Gaufridi
inclusi annuens ob remedium anime mee et parentum.... eidem
Gaufrido per manum domini Engelbaudi archiepiscopi xxx agripennas terre que sunt ad boscum Roberti cum parte etiam......
veteri stagno do atque concedo in perpetuum possidendas. Ea
siquidem condicione atque tenore ut ibidem in servitium... sibi
suisque oratorium et domos construat, et si stagnum reparare et
ibidem molendinum edificare et insuper quidquid boni... facere
poterit faciat. Cum autem ad mortis diem sue appropinquaverit,
habeat libertatem dandi ac tribuandi... aut persone aut ecclesie sub
jugo tamen Christi religiose degenti hujus autem donationis et
concessionis et loci dignitas et... trum aucthoritas testimonium
perhibet. Fuit enim facta in ecclesia beati Vincentii et in presentia domini archiepiscopi Turonensis hujus... et concessionis
testes fuerunt ex parte domini Gaufridi inclusi: dominus Engel-
baudus archiepiscopus Turonensis, presentia cujus et manu irre-
fraga... et concessio; Robertus archipresbiter, magister Gar-
nerus, magister Aubertus; Robertus monachus de Caritate. Ex
parte autem domini Roberti domini Ro.... cujus in talibus omnium aucthoritati pervalet potestas : Philippus frater ejus; Hugo
Borrelli qui et dator fuit hujus donationis, Robertus...... Her-
bertus fratres de Richaleeio, Hugo de Richaleeio, Goulinus Cle-
montebassonis, Raherius frater Ridel de Belleri. Gauterius.....
ne, os ejus; Hugo Femol, Gaufridus de Mombason, Hachardus
filius Rainaldi de Balgeio, Philippus Horlanni. Facta est hec concessio.... berti Perrisibo et Huberti filii ejus et domine Furnarie,
matris ejus, et Gaufridi filii ejus, et filiarum ejus Acless. Lau-
rentia quorum inspiratione... sumpsit exordium. Unde et loco
et persone de proprietate sua x agripennas dederunt. Hoc autem
totum factum est anno ab incarnatione domini... mo viii, epacta
nona, Eugenio sancte romane ecclesie presidente, Ludovico
Francie imperatore, Engelbaudo Turonensis ecclesie humiliter
ministrante.., istam donationem anno divina imperante clementia.
Placuit eidem Roberto de Semblentiaco ut summi patris amore
cujus gratia primam eleemosinam fecerat eidem Gaufrido... xxx
agripennas terre in colle ante stagnum in quibus silva fuerat in
perpetuum daret et concederet, eadem quidem condicione, eodem
que tenore. Testes autem hujus donationis.... dominus Engel-

baudus archiepiscopus, Theovinus archidiaconus, Briceius, Hugo Borelli, Philippus Horlandi, Rotbertus de Bosco, Gaufridus famulus Rotberti.

Signa Rob. de Semblenciaco, W. filii ejus, Juliane uxoris Roberti; Roberti de Semblenciaco; Roberti de Bosco; Bosonis; Roberti...; Philippi de Semblanciaco; Hugonis de Rivo Calciaco, Simonis de Rivo Calciaco; .... de Rivo Calciaco; Hugonis Borelli (1).

1200, novembre.

Omnibus presentibus ac futuris Petrus Tristen, Domini regis cambellanus, salutem. Noveritis quod Willelmus Engelarde, prepositus de Turre super Materna tradidit mihi et concessit prepositturam suam de Turre super Materna cum omnibus pertinenciis suis quas tenet de decano et capitulo beati Mauritii Turonensis habendam quam diu vixero ad pensionem x lib. paris quas dicto preposito reddam annuatim in Turon. in Pascha. Dictus autem prepositus retinuit sibi decimam majorem ejusdem prepositure et serviantagiorum et ecclesiarum et prebendarum et thesaurarie quas conferre poterit ad voluntatem suam quando vacaverat. Quod ut ratum et inconvulsum permaneat, sigillo meo muniri hanc cartam feci. Anno domini m° cc°.

1288. Bail de la terre du chapitre, au profit de Thibaut de Pouancé, chanoine, moyennant une redevance annuelle de 100 livres tournois.

1304. Acte de bornage entre le ban de Saint-Maurice et le ban de Cauru, dans lequel sont mentionnés, à Tours, la maison de Simon, écuyer, et le « Chastel. »

1307 :

Universis presentes litteras inspecturis et audituris, officialis curie Turonensis salutem in Domino. Noveritis quod coram nobis constituti Michael, filius Orrici Bolegerii, et Massene quondam

---

(1) Cette charte est complètement rongée aux endroits laissés en blanc. Sa lecture est très difficile. Nous la reproduisons d'après la transcription faite par M. Vétault, ancien archiviste de la Marne, actuellement bibliothécaire de la ville de Rennes.

uxoris dicti Orrici nunc defuncte, Johannes filius Henrici dicti Muelle, et Beatricis ejusdem Henrici uxoris, ac Johannes filius defuncti Ludovici Tonelarii quondam homines venerabilium virorum decani et capituli Turonensis de villa de Turribus super Maternam, confitentes et asserentes dictos decanum et capitulum Turonenses voluisse et concessisse in capitulo generali quod fuit anno domini m° ccc° vii° in crastino festi nativitatis beati Johannis baptiste, quod ipsi et eorum quilibet possint tonsuram recipere clericalem a quocumque archiepiscopo vel episcopo dum tamen catholico et sedis apostolico graciam obtinente ac Deo servire in officio clericali, sub hac condicione videlicet quod si contingat processu temporum ipsos Johannem, Michaelum et Johannem matrimonium contrahere, dimissa tonsura ad statum pristinum revertentur, et quod ad omnia adque antea tenebantur ac nunquam habuissent tonsuram nobis solvere tenebuntur, et quod ex tunc dicta tonsura vel clericali officio non utentur, promiserunt se omnia et singula predicta per juramenta ab eis prestita coram nobis facere et etiam adimplere se scientes prudentes quod se non esse de juridictione nostra juridictioni curie Turonensi quantum ad hoc supponendo. Datum et actum die dominica in vigilia festi nativitatis beati Johannis Baptisti, anno domini m° ccc° vii°.

1324, le 25 décembre.

Lettre du roi au sujet du procès pendant avec le chapitre concernant la gruerie des bois de celui-ci, décidant, d'accord avec ses officiers de la cour des comptes, que, pour cette fois, ledit chapitre, pour la coupe de ses bois, n'aurait à payer que 2000 livres tournois au roi, réserve faite du droit du roi sur lesdits bois pour l'avenir.

1369, novembre.

Lettre du roi relative au même fait à cause du procès mu à ce propos devant le parlement pour lequel il y avait eu désistement des parties, et pour trancher à toujours la question, il est déclaré, d'accord avec Michel Dureux, chanoine, procureur à ce député du chapitre, qu'à l'avenir le roi aura la moitié de tous les produits de vente desdits bois pour le passé, et le tiers seulement à l'avenir, mais à la condition que la vente serait faite par les officiers de la maîtrise des forêts.

1486. Droit d'une place à moulin sur la rivière d'Athies, avec permission d'en construire un moyennant un cens perpétuel de 5 sols tournois, à la Saint-Martin.

1491. Autre bail de la terre du chapitre pour 160 sols par an.

1560, 17 juin. Autre bail passé par P. Brisset et H. Fouquet, chanoine, pour neuf ans, au prix de 600 livres l'un. Ladite location comprenant la terre dudit Tours avec haute, moyenne et basse justice, pêche, moulins de Tours, Athies et Bouzy ; quart des dîmes de grains et vins, tiers des mêmes à Bouzy ; deux tiers de toutes celles d'Athies avec le tiers des aubains, biens vacants et amendes ; bois-taillis divisés en dix coupes, dont le tiers reviendra au roi. Le fermier devant, outre le prix, entretenir les bâtiments, payer les gages du bailli (6 liv.), du procureur fiscal (5 l.) et du forestier (30 sols) ; faire dresser le papier terrier, tenir les plaids aux jours accoutumés, faire habiter le garde des prisons en la maison du chapitre et nourrir les deux commissaires du chapitre qui viendront à Tours. Les bailleurs se réservant la nomination des susdits officiers, la provision des bénéfices, manumission des gens de corps et les bois de haute futaie.

Ce bail fut successivement renouvelé en 1578 à 1,030 liv. ; en 1588, à 1,230 livres, avec charge de réparer la halle ; en 1597, à 900 ; en 1621, à 1,220 ; en 1630, à 1,350 livres ; en 1648, à 1,400 livres ; en 1674, à 1,200 liv., avec charge de payer la portion congrue des curés d'Athies et de Bouzy et les décimes de cette dernière cure ; en 1684, à 1,350 l. ; le 26 août 1692, à 1,400 liv. ; ce bail fut passé devant M⁰ Arouet, notaire à Paris ; en 1701, à 1,750 liv. ; en 1711, à 1,400 liv., avec droit de chasse pour le fermier ; en 1720, à 2,021 liv. ; en 1728, à 1,450 liv. ; en 1746, à 2,320 livres ; en 1781, à 3,370 liv.

En 1599, la terre et seigneurie de Tours comprenait :

La maison et six arpents de prés ;

Trente et un arpents de terres labourables ;

Le moulin ;

Le greffe ;

La mairie ;

Le garde des prés.

A Athies : deux tiers des grosses dîmes et des menues ; deux tiers des dîmes des prés ;

Le greffe ;

La mairie et les amendes ;

Quatorze fauchées de prés.

A Bouzy : vingt arpents de terres labourables ;

Le tiers des dîmes ;

Trois coupes de bois taillis, le tout rapportant 2,001 l. sur lesquelles il y avait à payer : au curé de Bouzy, 75 liv.; aux officiers de justice, 17 livres.

En 1781, ce domaine n'avait pas varié, mais les charges des fermiers étaient plus lourdes ; au curé d'Athis, 35 boisseaux de blé, 45 de seigle et 134 d'avoine ; au curé de Bouzy, 156 livres ; aux officiers, 50 livres. Le chapitre de Tours ne devait rien pour l'entretien des églises de Tours et d'Athis ; pour celle de Bouzy, le tiers des réparations du chœur et des dépenses pour les ornements.

On ne percevait aucun droit pour lods, ventes, cens dans les fiefs du chapitre.

Le jour des cendres, tenue des plaids banaux, il était dû au ban Saint-Maurice 6 deniers par ménage et 3 par demi-ménage ; deux pintes de vin par cabaret, 10 sols par le moulin. Au ban Caulny, une journée de travail d'homme et de chevaux par ménage ; une demie avec un demi-boisseau d'avoine par demi-ménage. De plus les vassaux du ban Saint-Maurice devaient aux co-seigneurs du ban de Caulny 3 boisseaux d'avoine par ménage et moitié par demi-ménage.

Nous avons relevé deux procès du parlement concernant le prieuré : par l'un, du 2 septembre 1586, Hector de Saint-Blaise, seigneur de Fontaine, fut débouté de sa prétention à voir relever de lui les bois qu'il avait fait saisir ; — par l'autre, du 20 novembre 1602, les sujets du chapitre, dans les trois villages, furent maintenus dans l'usage commun des pâturages.

Nous relevons encore, dans le chartrier de Tours, les pièces suivantes :

11 juin 1576. Acte d'assemblée des habitants de Tours pour obtenir l'autorisation de clore « la ville » de murailles et de fossés.

1er juillet. Acte de bornage dudit Tours.

Même année. Lettres patentes du roi établissant trois foires.

4 décembre 1577. Inventaire dressé devant la justice du chapitre des titres et privilèges des habitants de Tours.

Nous mentionnerons ensuite l'état de la valeur du domaine de Tours en 1307, dressé à la suite de l'énumération des hommes et femmes du chapitre, liste qui comprend, à Reims et Châlons et aux villages de Tours, Athis, Chervilles, Bisseuil, Bouzy, Ambonnay, Isse, Condé, La Neuville, Ville-en-Selve, Aulnay, Oiry, Louvois, Fontaine, Oger, Avize, Les Loges-Saint-Basle, Saint-Etienne-au-Temple, Avenay, Trépail, Villers-Marmery, Juvigny, Aigny, Vaux, Les Balocières, Les Istres, Le Mesnil, Cuis, Monthelon, Boult, Rouffy, Voyse, Cramant, Ay, Mutry, Vaudemange, Tauxières, Vadenay, Dampierre-au-Temple, plus de trois cents noms.

	l.	s.	d.
Herbagia debita apud les Ystes in festo beati Johannis,		IIe	
Pro corveis seu corvees nemorum,		XXIV	
Pro pagiis de Turribus et de Athis.		XI^l	

	l.	s.	d.
Pro censibus debitis in festo Sancti Mauricii,		IX	
Pro rouagiis vinorum,		L	
Pro aliis rouagiis de villa de Turribus.		X	
Pro vinagiis debitis in festo beati Martini Hyemalis,		IV	
Pro censibus debitis per octo dies ante vigiliam nativitatis Domini,		XVII	XVIII ᵈ
Item dicta die pro huitanis,		XIX	VIII
Pro censibus de Bousi in vigilia nativitatis Domini,		IX	
Pro messoribus de Turribus.		L	
Pro messoribus de Bousi,		LX	
Pro messoribus de Athis,		L	
Pro quodam debito vocato Cosnoil galice de Turribus,		XV	
Pro minuta decima de Atheis,		XL	
Pro herbagiis debitis apud les Histres in festo resurrectionis Domini,		II	III
Minuta decima de Bousi,		XII	
Pro corvea,		XV	
Super priore de Turribus V sept. vini valentes,		X	
Super eodem priore,		IX	
Super eodem pro tribus gallinis,		II	VI
Pro passagio de nucibus,		C	
Pro vinea de Bousi,		VIII	
Pro quodam debito gallice vocato Pourchas des moulis,		X	
Pro tieulena cum terris et nemoribus ejusdem,		LX	
Pro chevagio et assisiis generalibus,		XIII	VIII

Item decime pertinentes ad predictos dominos ratione territorii antedicti :

Decima de Bousi que solibat valere	XL sept. bladi,
Decima de Athis,	CCC et LX sept. bladi.
Decima des Ystes,	IIII^{xx} sept. bladi.
Molendinum de Turribus,	CCCC sept. bladi.
Pro terris arabilibus,	XXXII sept. bladi.
Item II^c X arpenta nemorum, valent	IIII^m V lib.
Justitia dictorum nemorum, valet	LX^s.
Pro manibus mortuis et for matrimoniis, valent	C lib.
Justicia predicti territorii ad predictos dominos pertinentis,	LX l.

Item XIX arpenta pratorum, videlicet ;

    Pratum Sancti Mauricii. XI arp.

Pratum Maier, viii arp., valent l lib.
Domus dictorum dominorum de Turribus (chiffre effacé).

Le document suivant, de la même époque, d'après l'écriture de l'acte, car il n'y a nulle mention de date, est particulièrement curieux :

« Ci sensit tuit le fayt de la juridiction dou terrouer de Tours-sur-Marne appartenente aus dix doian et chapitre de Saint-Maurice de Tours en Touraine. Premièrement :

Les diz seigneis doian et chapitre ont a Tours-sur-Marne et es appartenances tel seignorie que il mestent un maire et deux eschevins a Tours-sur-Marne, en leur terre, lesquels rendent droit et cognouissance de tous les cas qui eschient en leur terre qui appartiennent et peuent appartenir a laic justice.

Item. Il ostent, le maire et les eschevins tous ensemble, ou lun daulx, toutes fois que illeur plait et remettent noviaus de leur auctorité sens appeler autrui.

Item. Il mettent un sergent franc de toutes redevances, lequel garde les prisons et fait les adiornemens et prant gaiges et arreste et fait toutes autres choses qui appartiennent à l'office de sergent.

Item. Il mettent un sergent à Athis et un autre à Bouzy.

Item. Il mettent un sergent à Tours-sur-Marne qui fait le cri en la ville des vins, des bans ou de abtinences ou de autres chouses lesqueles affierent a estre criées.

Item. Li cri qui sont fait en leur terre sont fait de par saint Maurice avant, et de par les bons apostres après, et dit on ainsi au cri : Nous vous commandons de par saint Maurice et de par les bons apostres, etc.

Item. Il mettent de leur auctorité sans autrui octroy gardes es pies de leur justice à Athys, à Tours-sur-Marne et en ont certaine redevance aucune foyz, x lib. ; aucune foiz vii lib.

Item. Les bonnes gens dou commun de Tours-sur-Marne, d'Athis et de Bousi quant ils ont es leu leurs gardes par devant les gens aus seigneurs desus ditz les diz gens prenent le sarrement des dictes (*sic*) gardes et puet lesditz gardes et chascun dels en son pouvoir pranre les forfaiseurs et amener à la prison Saint-Maurice et sont creuz lesditz gardes, et chascun dels en son office de leur prinses pour leur sairement sans autre preuve faire et qui duoit contre la relacion dicels gardes il amanderoit aus seigneur Saint-Maurice de LX^s.

Item. Il mettent ban et abstinence de meissonier et praissoner et de vendangier, et prenent et lievent les amendes des désobéissances, c'est à sçavoir amende de XVII^s VI^d.

Item. Il pranent la antia de toutes les bestes qui sont prinses tant en leur ban comme au ban de Caniu en pastures communes.

Item. Il mettent ban et abstinence daler parmi par la ville de Tours-sur-Marne, c'est à sçavoir que nul et nule n'aalle par ladicte ville après que le saint saint (*sic*) Maurice soit sonné, et si aucuns ou aucunes faisoient au contraire lesdiz seigneurs ou lour gens les peunt prandre et amener à la prison Saint-Maurice et leuer de chascun et de chascune pour chacune foiz, LX^s.

Item. Il meettent ban et abstinence de boire ès tavernes en les villes dessus dictes, c'est à sçavoir que nul ne nule ne soit si hardiz de boire en taverne depuis le saint dessus dict sonné et se il avenoit que aucun ou aucune feist le contraire, les gens des diz seigneurs le peuet prandre et amener en la prison et en lever LX^s damende de chascun et de chascune pour chascune foiz.

Item. Il mettent ban et abstinence de troire vin et de jeu de diz, c'est à sçavoir que nul ne nule qui wange vin ne soit si hardiz de troire vin ne lessier jouer au diz en sa meson depuis le saint dessus sonné, et si il faisoient au contraire, tant le vandeur comme les joueurs des diz pevent estre prins par les gens des diz seigneurs et menez à la prison Saint-Maurice et lever lamende de chascun et de chascune pour chascune fois LX^s.

Item. Il mettent ban et abstinence que nul ni nule ne soit si hardiz de porter espée, coutel à pointe, autres harnois ou armeure quelscunque par ladicte ville depuis ledit saint sonné si ne le vuent les gens des seigneurs, et si aucuns faisoient au contraire les diz seigneurs ou leurs gens les peuent prandre ou emprisonner et lever amende de LX^s, et les harmeries acquises aux seigneurs dessus diz.

Item. Leur justiciables montreront les armes à leur comandement et ont la correction et l'amende qui est volontaire de ceux qui ne se montrent souffisamment.

Item. Li espaus reviennent à eux seulz et pour le tout.

Item. Ils ont fourches en leur terre et leur terrouer, eschiele et prison, maittent en géhine, jugent et meitent (*sic*) du tout à exécution si comme pandre, trahiver, enfoir, arder et bannir selonc que le cas le désire.

Item. Ils en ont l'estriere de ce qui est en leur justice ou cas que homme ou fame doit prandre mort.

Item. Il ont guenoissance et viennent plays et court de gages de bataille grosse et des cas le roy soit de crime soit de querelle et en font l'execucion des hommes coustumiers.

Item. Il dressent et mettent les mesures en leur terre, de vin, blé et d'autres choses et à celles se redressent plusieurs villes voisines c'est à sçavoir : Busi, Ambonay, Ysse, Broibais, Condé, Chervilles et Athis, et ont lesdiz seigneurs de chascune mesure drecier V^s en leur terre comme en autres villes dessus dites.

Item. Il prainnent les mesures le pois et le pain quand il y a à dire, et il ne sont soufisant et les font avenable et en

lievent lamende du pain v⁵, et pert le pain du pois, du vin,
LX⁸.

Item. Tuit li hommes demorans en leur justice soit homme Saint-Maurice ou autres, fors les clercs, les juges et les gentils hommes, viennent et sont tenuz aucun chascun an trois fois en la court Saint-Maurice sens cemonce et sens adiournement aux plais généraulx, et conviennent qu'ils respondent en la court Saint-Maurice et que la cause prengne fin en ladicte court.

Item. Tuit li hommes Saint-Maurice demoranz à Tours-sur-Marne, à Athis, à Chervilles, à Pluis et à Bousi vien-vent trois fois l'an à Tours-sur-Marne aus plais généraux et font la responce et comment querelle praingne fin en la court dessus dicte, soit ce qu'ils demeurent en la justice Saint-Maurice ou en autrui.

Item. Il ont bailif ou seneschal qui fait et rent justice toutefoit que mestier est.

Item. Il ont en leur court seals autentiques sigiez es noms et en emprainte de Saint-Maurice desquels lon huse en leur court et lon acoustume a huser tant en leur nom que comme de partie et partie par tant de temps paisiblement que mémoire d'homme n'est au contraire.

Item. Il mettent bornes et devises et ont cognoissance de la roye de la terre et de toutes actions personnelles qui peuent choir en cognoissance de laic justice.

Item. Il jugent, il quitent, ils lievent grans ou petites amendes du forfaiz qui eschient en la terre Saint-Maurice et en font leur volunté.

Item. Il lievent les mortemains, pranent et les maismariages en leur explois tous par leur main sans appeler autrui et se il leur semble que mestier leur soit il puent appeler à ce les gens le conte de Champaigne, c'est à sçavoir les gens à la royne Johanne, et il sont tenus venir à eulx et pour ce y a li comtes de Champaigne ou ladicte royne certaine porcion, c'est à sçavoir le quart et li sir de Nast l'autre quart au cas il feroit joir de ce qui seroit au ban de Quauni et en la terre de ladicte royne elle est tenue de faire joir, se il est mestier que lon lapelle à ce, et autrement ladicte royne ne le sire de Nast si il ne sont appelez il ne prennent riens en choses desus dictes, encore les diz seigneurs les lievent par leur main.

Item. Il prainnent et lievent leur chevages sans compaignie d'autrui.

Item. Il ont forages des taverniers de Tours-sur-Marne et en toute leur taverne, c'est à sçavoir demi septier de vin au maire et au sergent Saint-Maurice.

Item. Il ont les rouages des vins qui viennent par la rivière, c'est à sçavoir le char iv^d et la charieste ii^d.

Item. Il ont li chaufour, les quarrieres et les teulones que lon fait au ban Saint-Maurice sont fait par le congé des gens Saint-Maurice et en rent on certaine quantité, et si aucun faisoit les choses dessusdites sans congié il ichiet amende de lx^s.

Item. Si leur homme ou femme de corps vont demourer en une des villes ci-dessous et il meure il devra morte main et sont les villes que cy après s'ensuivent :

Pluveyn, les Ystres, Bure, Flavigne, le Macue(?), Rouffe, la Neuveville, Ogier, Avise, Cramant, Cugis, Coere, Cheille, Montelon, Juvigne, Chaalons, Balocieres, Saint-Marc. »

Nous terminerons par la mention de ces deux actes établissant la situation de ceux qui étaient, avec le chapitre, co-seigneurs de Caulny ou Crouy.

4 juin 1517. Vente du ban de Crouy faite par le marquis de la Baume, comte de Montrevel, et sa femme, Anne de Chateauvillain, à noble et prudent homme maistre Pierre de Thuisy, lieutenant-général au baillage de Vermandois, et Marie Moët, sa femme, avec les terres et seigneuries

d'Aulnay-sur-Marne, Vraux, Bouzy, Mardeuil, Bisseuil, Athis, Cumières, pour 5,000 livres.

31 janvier 1620. Vente par Nicolas Goujon, écuyer, seigneur de Tours, y demeurant, à son frère André, seigneur de Bouzy, de la seigneurie sise à Tours, dite le ban de Crouy ou Caulny, comprenant : château, jardin, pressoir, dite la maison de Crouy, audit Bouzy, avec dépendances, toute justice, 156 septiers de terre, 76 fauchées de prés, verger, le tout mouvant de l'évêque de Châlons, pour 4,600 écus soleil, valeur 60ˢ l'un.

III

PRIEURÉ D'ULMOY

Le prieuré d'Ulmoy était situé sur le territoire de Heiltz-le-Maurupt. — anciennement Heiz-l'Amaury. — Nous ne savons pas l'époque de sa création par l'abbaye de Saint-Bénigne de Dijon, sous le vocable de Saint-Jean-Baptiste, mais la charte de Geoffroy, évêque de Châlons de 1131 à 1142, constate qu'il existait bien antérieurement. Saint-Bénigne fut fondé au VIe siècle et reconstitué par saint Bruno.

Le prieuré d'Ulmoy était un monastère double de religieux et de religieuses, et ce caractère subsista longtemps, puisqu'en 1340 l'évêque de Châlons se constitua le droit de présenter une « nonnein » à Ulmoy pour son joyeux avénement.

En 1327, l'abbé de Saint-Bénigne avait déjà accordé le même privilège à l'archevêque de Reims. Nous n'avons pas pu retrouver le moment précis où il n'y eut plus que des moines à Ulmoy.

Cette maison paraît avoir joui d'une grande estime dans la contrée, car tous les seigneurs des environs, comme on le verra, tinrent à figurer parmi ses bienfaiteurs et elle possédait des biens considérables. En 1595, la ferme du prieuré était louée pour 1,500 livres, 3 septiers de pois, 2 muids de blé, 2 d'avoine, la nourriture de deux religieux et le paiement des décimes. Le bail du 25 février 1783 constate une redevance en argent de 2,250 livres.

Les biens du monastère étaient répartis sur les territoires de Blesme, Bignicourt, Changy, Cheminon, Heiltz-le-Maurupt, Laloie, Orconte, Pringy, Puisiaus, Rapsécourt, Rozay, Saint-Germain, Soulanges, Villers-en-Lieu, Vitry-le-Château.

Vers 1140, Geoffroy (1), évêque de Châlons, dénonce l'accord intervenu entre le prieuré et les chanoines (*chanonicos*) de Larzicourt, après procès porté devant le synode diocésain :

Statuimus ergo omnium archidiaconorum nostrorum et quorumdem abbatum et dechanorum qui intererant consilio et laude ut ubicumque chanonici de Omnibus Sanctis querum est altare et parrochia de Ulcone in tota ipsa parrochia ceperint unam gerbam decime, monachi et sancti moniales de Ulmeto capiant duas ; et in campo Goharsalto qui incipit a Suanna et finit ad Liciam Alte Ville, exceptis duobus campis quorum unum tenet Hugo Bordellus a domino de Ulcone, et incipit a via que vadit de Goharsalto ad Ulconem, et finit ad Liciam, et vocatur campus ipse Liorea Sciranni; alterum vero campum tenet Radulphus prepositus de Larzicurte, et tres alii viri Ogerius, Ainoldus et Levinus, et incipit a cornada domini de Ulcone et finit ad Liciam, et est ad gravarias. His duobus campis talis a nobis lex est posita ita si parrochianus de Larzicurte in ibi laboraverat medietatem decime habeat ecclesia cujus est parrochianus, altera vero medietas in tres paetes dividatur, quarum unam habeant sancti moniales de Ulmeto, alteram chanonici Omnium Sanctorum, alteram chanonici de Larzicurte. Si vero parrochianus de Ulcone in his duobus campis laboraverit, medietas decime sit ecclesie de Ulcone, et alia medietas tribus prefatis ecclesiis ex quo dividatur. Hanc institutionem si quis infringerit anathematis illum vinculo obligamus. Testes : archidiaconi dominus Rainerius, dominus Odo de Roseio; et dominus Vido de Monte Felici ; et dominus Gaufredus, et dominus Petrus de Omnibus Sanctis, et magister Hugo de Maireio, et dominus dapifer Petrus, et Stephanus de Witreio et Walterus de Jonvilla.

---

(1) Evêque, au refus de S. Bernard, de 1131 à 1142.

Vers 1149 :

In nomine, etc. Quam ex debito episcopali cathedre universis ecclesiis que in nostra diœcesi site sunt, debitores sumus eis ampliori diligentia providere debemus, quas ampliori religione fervere non dubitamus. Proinde ego Bartolomeus Dei gratia Cathalaunensis episcopus alodium Arraudi de Heis quod venerabilis abbas Ludovicus sancti Petri de Montibus prece domini Clarevallensis et comitis Teobaudi, assensu tamen capituli sui in manu nostra reddidit, ecclesie de Ulmeto ibidemque Deo servientibus perpetuo possidendum coram subscriptis testibus libere contulimus. S. Hugonis, abbatis Triumfontium, S. Hugonis, abbatis de Chiminum ; S. Radulfi, abbatis de Alte fontis ; S. Warnier, S. Petri, S. Haymonis, S. Manni, archidiaconorum, S. comitis Teobaldi; S. Henrici, filii ejus ; S. Odonis de Monte Omero, S. Joceranni de Pringeio ; S. Bertrandi Sine Terra ; S. Theobaldi Furnerii, militum. Excepimus V feminas quas homines de capite sancti Petri de Montibus matrimonio sibi junxerant, cum suis heredibus. Est autem hoc ratum, etc. (Sceau ovale de l'évêque représenté bénissant.)

1157. Bozon, évêque de Châlons, déclare que Gueran de *Orchara* a donné pour le repos de son âme et à cause de sa fille Gertrude, entrée à l'abbaye, un moulin avec maison et pré à Rapsécourt « apud Rabececurtem super Everam », ban, justice, et le privilège qu'aucun moulin ne puisse être construit sur ce finage, entre celui-ci et le moulin dit des Lépreux, sous un cens viager de 5 sols châlonnais « provestitura » à Noël. Témoins : Hadevilde, comtesse de Dampierre ; Helye Renaud, son avunculus ; Guillaume de Bussy ; Guillaume de Somme-Yèvre ; Adam de Minaucourt (Musnecour) ; Pagan d'Auve ; Pagan, neveu de Roland ; Walon, clerc ; Béatrix, femme d'Helye ; Marie, femme de Lambert.

1158 :

Quoniam temporum curricula stare non possunt, res gestas in tempore ne a memoria excidant litteris commendare patrum precedentium consuevit auchtoritas. Proinde ego Philippus Divionensis ecclesie Sancti Benigni qualiscumque abbas notum fieri volo presentibus ac futuris quatenus assensu totius capituli nostri nec non etiam benigno consensu totius capituli monialium de Ulmeto dimisimus, concessimus ac confirmavimus Guidoni ad Buccam suisque heredibus sine omni calumpnia libere et quiete perpetuo possidendum quidquid Aubertus Fortis dederat ecclesie de Ulmeto apud Urcum in domibus, in terris, in nemoribus, in pratis, in omnibus omnino commodis, preter maiorem et minorem decimam ejusdem ville et preter alodium et homines alodii de Blaccio et preter pisces molendinorum de Vitreiaco. Pro hac siquidem demissione et confirmatione rei quam nondum habebamus, prefatus Guido ad Buccam concessu heredum suorum contulit in elemosina ecclesie de Ulmeto centum quinquaginta jugera terre arabilis apud maiorem vel minorem Waureium et sexdecim falcatas pratorum, et singulis annis duodecim denarios censuales perpetuo possidenda. Ut autem hoc ratum et inconcussum permaneat, subscriptarum personarum testimonio et presentis cyrographi pagina nec non sigilli nostri auctoritate munivimus. S. Godefridi Lingonensis episcopi. S. Bernardi Clarevallensis abbatis, S. Hugonis abbatis Trium fontium; S. Gervasii abbatis de monasterio in Argona; S. Lamberti, cantoris; S. Humberti, S. Hugonis Chanlart; S. Petri, prioris de Larcio; S. Teodorici de Barro; S. Jocerandi, prioris de Ulmeto; S. Marie, priorisse de Ulmeto; S. Legardis, Ermengardis, monialium.

1158. Confirmation dudit acte par Barthélemi, évêque de Châlons. Témoins : Gui, maître Robert, Baudouin, archidiacres ; Zacharie, trésorier ; Etienne, Jean, chapelains ; Thibaut, Baudouin, sous-diacres rémois ; Arnoul de *Insula*, Clément, Milon de *Gardo*, Scot, Nicolas de Porte-Marne.

1159. Bozon, évêque de Châlons, déclare que Manassès, châtelain de Vitry, a cédé au prieuré et aux religieuses y demeurant, pour le repos de son âme, sa part de ban et justice au moulin l'Evêque « ad Telani vadum », sans pouvoir en bâtir d'autres. Témoins : Theherus, moine d'Ulmoy ; Albric, chapelain ; Raoul, prêtre de Sommevesle ; Etenne, clerc de Heiltz ; Milon de *Gardo* ; Gui, dapifer ; Pierre, boutellier ; Thibaut, prévôt ; Jean, mayeur ; André de *Vico* ; Hugues, chancelier.

1159. Confirmation de la même donation par Henri, comte de Troyes. Témoins : Alard, doyen de Chatelraoud ; Jean de Possesse ; Odon de Mont-Omer ; Bertrand Sans-Terre ; Guy ad os ; Gautier Flael ; Guy de Vendeuvres ; Roger d'Etrepy ; Guillaume de Vanault ; Guillaume, chancelier.

1174. Pierre, abbé de Rebais, pour terminer la querelle existant depuis longtemps entre sa maison de Goncourt et celle d'Ulmoy, pour une part des dîmes de Heiltz-le-Maurupt (de Hez-la-Mauri), la céda en échange d'une rente de 3 septiers de blé-avoine, 12 deniers et le cens de 2^s du auparavant, payable à Goncourt. Témoins : Herbert, prieur de Goncourt ; Raoul, doyen de Vitry ; Raoul, prêtre de Heiltz ; Jean, clerc ; Richer, clerc de *Medianacurte* ; Bérenger, Bonard, laïcs.

1175. Henri, comte de Troyes, donne au prieuré et aux granges en dépendant l'usage pour le feu et la construction de ses bois « de honore Vitriaci et Larzecurtis ». Témoins : André de *Lueriis* ; maître Philippe ; Guillaume, maréchal ; Artaud, chambrier ; Milon de Provins. Fait à Troyes, par Guillaume, chancelier.

1176. L'abbé de Saint-Pierre-au-Mont cède au prieuré sa terre sise au finage de la grange de Herbelmont contre une rente de 3 septiers de seigle, mesure de Châlons, à la Saint-Remy. Témoins : Richer Flaellus ; Odo Piper ; Gautier, son frère ; Guerin de *Pistrc* ; Constant Loup de Bussy-le-Repos (*de Busseio Reposto*) ; Herman de Vavray. Fait à Saint-Crispin.

1180. Guy, évêque de Châlons, déclare que Guy d'Etrepy a donné au prieuré une rente de 8 setiers blé-avoine, mesure de Vitry, sur ses dîmes de Heiltz-le-Maurupt. Témoins : Giraud, sous-prieur ; Henri, chantre ; Nicolas, sacristain ; Hardouin, cellerier ; Remi, convers, tous de l'abbaye de Cheminon ; Odo, chapelain de Varnier, curé d'Etrepy; Scot, clerc de maître Hugues de Montrampon ; Bérenger d'Etrepy ; Pierre, son neveu ; Girard, chancelier.

1180. Le même déclare qu'Etienne de Pringy a donné aux religieuses une rente de 6 setiers blé-avoine-orge, sur son moulin dudit lieu ou sur son grenier, mesure de Vitry, plus le cens de 6^d qu'elles lui devaient pour leurs vignes, à cause de l'entrée de sa fille audit prieuré. Témoins : Raoul, doyen de Vitry ; Renard, chapelain ; Mathieu de Vassy ; Robert, rémois ; Hugues et Amaury, prêtres ; Raoul de Saint-Martin ; Roger de Verzy (*Verzeio*) ; Jean, sénéchal ; Girard, chancelier.

1185. Le même déclare que Hélion Burum, Hugues et Viter, ses fils, ont donné leurs dîmes dues sur les terres du prieuré, au grenier de Tillois, sur le territoire de Sommaure, pour un cens de 3 setiers blé-seigle-orge et 6^d à la Saint-Remy. Témoins : le châtelain de Sommevesle, Gui de Marcuil ; Pierre de Doniun de Dampierre ; Roland, son frère ; Renard de la Chapelle ; Pierre, prévôt de Sommevesle ; Hugues, prêtre de *Summaura* ; Philippe de Vanault ; frère Hugues, convers de Ulmoy « qui tunc preerat in horreo de Tylloi » ; Gérard, archidiacre et chancelier.

1187. Le même déclare que dame Alaïde de Blacy, Pons et Guillaume, ses fils, ont donné à Ameline, prieure d'Ulmoy, leur terre arable de Vavray pour après elle. Témoins : Gautier, prêtre de Blacy ; Geoffroy, chevalier ; Vivian, paysan ; Gérard, archidiacre et chancelier.

1187. Le même déclare que Marguerite, femme de Milon, a donné Aubric et Hodierne, leurs enfants Thibaut et Marie, ses hommes et femmes de son aleu personnel : approuvant Girard, son fils et sa fille. Témoins : Gui-Salmon ; Hugues, prêtre ; Eudon, chevalier ; Pierre, maréchal.

1187. Le même déclare que Martin, fils d'Elisabeth, approuve la vente d'une terre faite par sa mère; puis, à l'occasion de ce qu'il a pris la croix, il engage le reste de son domaine pour 70 sols, le donnant au cas où il mourrait en Terre-Sainte. Témoins : Gui de Roucy, archidiacre; Girard, chancelier; Michel, doyen; Adam, prêtre de Villers; Jean et Vautier de *Vado*; Gobert; Bonard, chevalier.

1189. Le même déclare que Thibaut et Rengerdis, son *socrus*, ont donné une rente d'un septier de seigle sur la grange de Tillois, ce que louent Isembard et Thibaut, héritiers dudit Thibaut et Thibaut, frère de Rengerdis.

..... Le même déclare que Jean, fils de Pierre, clerc de Heiltz, lui a remis l'autel de Heiltz-le-Maurupt (*Hez Amalrici*), dont il avait depuis longtemps la jouissance, et que lui, évêque, en a investi le prieuré et les religieuses d'Ulmoy. Témoins : Gui et Robert, archidiacres; maître Jacob; Robert de Reims, Raoul, doyen de Vitry; Jean de Plichancourt; Gautier de Ponthion; Roger de Saint-Ludmier; Girard, chancelier.

..... Varin, chevalier de Rosay, Elisabeth, sa femme, et leur fils donnent Elisabeth, fille d'Herman et sa postérité, plus une part du bois Lupetit, deux femmes à Soulanges avec part de dîmes et la pêche audit lieu. Témoins : Gui, seigneur de Vaure; Jean, chevalier de *Vallibus*; Nicolas, prévôt de Vitry; Guillaume, prêtre; Adam, serviteur de Ulmoy. — (Sceau de l'abbaye de Saint-Pierre.)

..... Je Hues, chastelain de Vitry, fas a savoir a toz ceus que ces lettres verront que ie nai drot en la mouture des molins de Changei ni gi aie molu a ma vie sen paier la droture des molins et par ce que je ne crois que mei oir poisent n'en réclamer après mon deces ai ie fait ces letres saeler de mon sael.

1198. Rotrou, évêque de Châlons, déclare que le prieuré a cédé à Girard, chevalier de Hanruel, sa part des ban et seigneurie de Blacy, sauf les terrages, cens, pains, poules et dîmes, contre une rente de 6 setiers de seigle et 10 d'avoine sur les terrages de Coole ; ce qu'approuve Hugues de Landricout, suzerain.

1204. L'évêque de Préneste, légat du pape, déclare qu'en sa présence Nivard, abbé de Saint-Bénigne, de Dijon, a notifié la paix conclue entre les frères et sœurs d'Ulmoy et l'abbaye de Cheminon pour les dîmes de *Chemea* (?).

1209. Milon, chevalier, et Jean, son frère, de Germinon, louent le don fait par Pierre, chevalier de *Burgo*, d'une rente de huit setiers de blé, du consentement de sa femme Elisabeth, à prendre sur le terrage de Saint-Germain, à la Saint-Remy, et à défaut sur ses charuages.

1209, mai. Girard, évêque de Châlons, déclare que Jean, clerc de Saint-Amand, a renoncé à sa prétention sur une grange, sise à Ulmoy, et sur une rente de 4 setiers de blé, par accord, en présence de l'abbé de Trois-Fontaines, de Renaud, maître de la maison *de Monte Morello*, et de Milon, chanoine de Saint-Etienne de Châlons, moyennant une somme de quinze livres, payée par le prieur pour avoir la paix. Témoins : Haton ; Gui de Vendeuvre ; Iter de Plessis, chanoines ; Milon, sacristain ; Hugues de Velye ; Thibaud, Evrard, chanoines de la Trinité ; Simon de Ceuvrot, prêtre ; Falcon, sous-diacre, Gilon de Saint-Amand, laïc.

1209. Reconnaissance dudit acte par Girard, évêque de Châlons, avec cette mention que la dame de Montmirail, jouissant de cette rente sur le terrage, elle devra, à l'avenir, la lever sur les charuages. — Nouvel enregistrement par le même évêque en 1215.

1210. Hugues, châtelain de Vitry, confirme par serment sur l'autel Saint-Jean, le don du pré dit de la Châtelaine, près le moulin l'évêque, fait par ses ancêtres.

1212, février. Guillaume, doyen de Blacy, déclare que noble dame Sibille de Blacy, étant malade, du consentement de ses enfants, donna au prieuré tout ce qu'elle avait sur les terrages de la grange de Puisiaus et que, revenue à la santé, elle ratifia cette libéralité en présence de son fils Gui.

1213. Gérard, évêque de Châlons, déclare que Baudoin Taillefer, chevalier de Heiltz-le-Maurupt (*de Heso Amalrici*), consentant sa femme Clémence, a donné tout ce qu'il possédait dans les dîmes de Heiltz, à charge de célébrer annuellement l'obit de ses père et mère, le sien et celui de sa femme, solennellement, ce qu'approuvèrent Garnier, frère dudit, et Emmeloz du Buisson.

1216. — Aubert du Plessis déclare avoir mis fin au désaccord existant depuis longtemps entre Aubert d'Orcon et le prieuré, au sujet des menues dîmes d'Orcon, recevant des religieux « de bonis et elemosinis domus sue xi libra privignei ».

1217. Guillaume, évêque de Châlons, déclare que Baudouin Taillefer, chevalier de Heiltz-le-Maurupt, consentant Sibille, sa femme, Garnier, son frère, Emmeline, sa sœur, a donné une rente de 10 setiers de blé, mesure de Vitry, sur sa dîme de Bignicourt, sans qu'on puisse manquer au paiement par défaut de récolte. Loué par Hugues, châtelain de Vitry. Scellé par l'évêque à la demande du donateur.

Même charte par Baudouin susdit.

1220, septembre. Le même évêque déclare que Hilduin de Lornes, chevalier, et Elisabeth, sa femme, ont approuvé le don fait par Sibille de Blacy, mère d'Elisabeth, sur la grange de Puisiaus, près Blacy.

1221, avril. Acte de désistement par Varnier, prévôt de Sainte-Ménehould, de ses prétentions sur les moulins de Dampierre, après avoir été excommunié pour ce.

1222. L'abbé de Saint-Urbain déclare qu'Aymon de Villiers, chevalier, conservera ce que le prieuré avait à Villiers, à la réserve des cens et terrages, moyennant une rente de quatre setiers blé-avoine à rendre au grenier du prieuré. « Bladus laudabilis de la corboille Vitriaci ».

1223. Guillaume, évêque de Châlons et comte du Perche, déclare que Raoul, prieur d'Ulmoy, ayant attaqué Bertrand de Clermont, chevalier, pour avoir bâti un moulin sur l'Yèvre, dans les limites interdites, ce dernier avait reconnu ses torts et payé une indemnité.

1223, février. Acte d'excommunication par Raoul, abbé de Saint-Urbain, délégué pontifical, contre Renaud, seigneur de Dampierre, pour avoir saisi le moulin de Rapsécourt et l'avoir gardé sans droit.

1223.

Ego Gillebertus, Dei permissione sancti Benigni Divionensis abbas, notum facio omnibus presentes litteras inspecturis quod domicella Hauuidis soror eius monialis sancti Johannis de Ulmeto emerat a Guidone milite de Heso et heredibus eius terragia XIV jugerum terre in finagio eiusdem ville precio XX librarum pruvinentium et excambium terre que est sita ante portam Ulmeti pro alia terra minoris valoris, Radulfus vero prior et conventus Ulmeti pro hac emptione assensu nostro IV septarios frumenti in grangia Ulmetis tatuerit et dimidium annuatim infra festum sancti Martini percipiendos esse ad usum earum que cotidianum lecture fecerint psalterium pro defunctis. Itiviersena priorissa alium dimidium septarium frumenti addidit pro quo quitavit unum de tribus septariis quos annuatim habebat, ita quod quinque septarii ex integro singulis annis pro beneficio psalterii persolventur. Quod opus pietatis tam ob remedium defunctorum quam solatium vivorum qui legent psalterium nos intuitu caritatis approbavimus et ad petitionem dicti prioris et totius conventus confirmavimus. Anno gracie 1223.

Philippe, évêque de Châlons, fait savoir que Gui de *Hezio Amalrici* et dame Mathia, sa femme, ont vendu aux religieuses d'Ulmoy, pour 13 liv. provinoises un cens de 15^s 7^d 1 obole au finage de Heiltzio ; ledit chevalier donna en outre en aumône auxdites, 4 sols provinois de cens annuels audit territoire. Année 1229.

1224, novembre. Hugues, châtelain de Vitry, consentant sa femme Alix et leurs enfants, lègue tout ce qu'il pouvait avoir au moulin de Changy, au prieuré et aux religieuses.

1231, décembre. Ricard, fils de Gui, chevalier de *Loya*, Etienne, clerc, et Guillaume, frères, approuvent le don fait à l'abbaye de Saint-Bénigne de Dijon, d'une terre par dame Grasse, sœur de leur père, Gui, chevalier (quatre journels à *Loya*). Sceau de Hugues de Sedeloco, bailli du comté de Bourgogne : une aigle éployée.

1234. Sentence de Girard, doyen de la chrétienté de Vitry, et de Jean, doyen de la chrétienté de Maucourt, adjugeant au prieuré la pêche à Soulanges contre Garnier, écuyer, et ses frères, de Saint-Germain.

1234, janvier. Sentence du doyen de la chrétienté de Vitry, adjugeant au prieuré la moitié des oblations de l'église de Heiltz-*le-Mauri* et la présentation de la cure.

1234, janvier. Par transaction, en présence de Simon, prieur de Moiremont, et Richard, abbé, juges apostoliques, le prieuré cède à l'abbaye de Saint-Pierre tout ce qu'il possédait au ban de Vanault « per passagium salitis inque ad campum quem tenet Hugo filius Johannis de Furno », laissant l'usage des pâturages en commun comme auparavant entre l'abbaye, le prieuré et les hommes de Heiltz-le-Maurupt et *de Sugneto*; mais les hommes de l'abbaye possédant des biens à ce ban auraient à payer à l'abbaye 3ᵈ par journel et 2 par fauchée. En échange, l'abbaye met fin à tous ses procès relativement aux patronat, dîmes, oblations *de Sugneto*, à l'aleu du seigneur Airard et sur la moitié dudit Heiltz qu'elle prétendait avoir reçue dudit Airard.

1234. Même charte par-devant l'abbé de Saint-Bénigne de Dijon.

1234, janvier. Même charte par-devant l'évêque de Châlons.

1234, janvier. Même acte par l'abbé de Saint-Pierre.

1234. Le doyen de la chrétienté de Vitry déclare qu'Adam Faber, de Vitry, a vendu une place sise à Vitry, devant la maison du prieuré d'Ulmoy, audit prieuré.

1235. Sentence de l'officialité de Châlons condamnant le prieuré à rendre au Chapitre de Châlons le quart de la dîme de Blesme.

1252, juillet. Jean de Fagnières, archidiacre, vicaire de l'évêque de Châlons, qui pour lors était à Rome, déclare que Morin de Vitry, fils de Pierre Cambellanus, a rendu au prieuré la vigne dite d'Embraye, à Vitry-le-Château, donnée par son ayeul Morel, à charge de célébrer son obit à perpétuité.

1261, mai. Le comte de Champagne déclare la charte que l'abbé de Saint-Bénigne de Dijon a accordée à ses hommes de Heiltz-le-Maurupt, dépendant du prieur et des religieuses d'Ulmoy, aux hommes de Minecourt, Jussécourt, Doucey, Vavray, Décourt et autres de la chastellenie de Vitry, par laquelle ledit comte partagera la seigneurie et les droits avec le prieuré, stipulant que le prieuré possédera seul ses moulins sans qu'on puisse en élever d'autres, sans que le comte ni ses successeurs puissent aliéner aucun de ces droits. (Voir cette charte publiée *in-extenso* dans notre *Diocèse ancien de Châlons*, tome I, page 379).

1264. Accord conclu entre le prieuré et le chapitre Saint-Etienne de Châlons, au sujet des dîmes de Maupas et Heiltz-l'Amaury.

1265, novembre. Pierre, doyen de la chapelle ducale de Dijon, déclare que Renard de Dampierre, par charte de l'an 1236, a renoncé, en se repentant, à tout ce qu'il prétendait sur le moulin dudit lieu, Béatrice, sa femme, approuvant.

1266, février. Robert, châtelain de Vitry, seigneur de Changy, et Jeanne, sa femme, abandonnent le procès suscité par eux et autorisent le prieur à prendre et conduire de sa terre sur la sienne ce qu'il fallait pour rétablir les écluses du moulin de Changy à perpétuité, et à amener les matériaux par bateau ; reconnaissent la propriété du droit de pêche, du siège du moulin, de la maison du meunier, plus le courtil sur l'une et l'autre rive.

Même acte de Jeanne susdite par-devant Robert, doyen de la chrétienté de Vitry, Jean, prêtre de Changy, Barthélemi, prêtre de Heltz-le-*Malri*. (Sceau du curé de Changy, ovale, Adam et Ève séparés par l'arbre autour duquel le serpent est enroulé).

1271. Achat d'une pièce de vigne à Villers-au-Lieu, lieudit Contrimont.

1286. Accord entre Haimon, prieur d'Ulmoy, et Vaucher, seigneur d'Etrepy, par lequel ce dernier renonce aux dîmes du vinage de Launoy à Heiltz.

1290, octobre. En présence de Jean de Chintreaux, chevalier, bailli de Vitry, Gaucher, seigneur du Plessis, donne l'usage au bois de Chanoy à Doucey.

1304, octobre. Hugues de Syllans, prieur d'Ulmoy, reconnaît devoir à l'abbaye de Saint-Pierre un cens de 74^s et 5 setiers de blé pour 25 arpents de bois, à Rozay, donnés par Henri de Saint-Lambert, chevalier et Jeanne, veuve de Gaucher du Plessis, chevalier, au bord de la Voire.

IV

MAISON DES BONSHOMMES DE MATHONS

L'ordre de Saint-Etienne de Grandmont, institué par saint Etienne dans le village de ce nom, au diocèse de Limoges, à la fin du xi⁰ siècle, avait une maison dans l'ancien diocèse de Châlons, à Mathons, près de Joinville. Elle fut fondée dans le bois de ce nom par Geoffroy de Joinville, en 1108, à son retour de la croisade, d'après les auteurs du *Gallia Christiana* : « cella de Mastone », disent-ils. On trouvera ci-après toutes les chartes existantes encore relativement à ce monastère, qui fut réuni par bulle, en 1356, à la maison de Macheret, du même ordre. Les guerres du xvi⁰ siècle le ruinèrent et, d'après la visite épiscopale faite en 1627, « tout y est en ruines, le dortoir sert de poulailler, la salle du chapitre est pleine de futailles » ; il y avait alors un prêtre et le domaine rapportait à peine 500 livres. Peu après ce ne fut même plus qu'une ferme, mais la chapelle fut conservée et un arrêt du conseil de l'année 1633 déclara le curé de Nomescourt obligé d'y célébrer les offices les dimanches et jours de fêtes, à charge par l'abbé de Macheret d'acquitter la pension convenue par l'accord intervenu en 1623 (1). Nous relèverons encore, comme preuve

---

(1) Macheret, maison du même ordre, fondée dans le bois de ce nom, sur la paroisse de Saint-Just (Marne), par Guillaume de Dampierre et Hugues de Plancy en 1118 ; érigée en prieuré

de l'augmentation du produit du domaine, les lettres royales du 26 mars 1641, prononçant l'expulsion de Jean-Baptiste du Mont, « domestique » du seigneur de Joinville, et fermier depuis quatorze ans de Mathons, « lequel n'a rien payé, quoique le revenu soit de plus de mille livres annuellement. »

1201 :

In nomine sancte et individue Trinitatis, ego Gaufridus dominus Joinville, senescallus Campanie, notum facio omnibus ad quos presentes littere pervenerint quod ego pro remedio anime mee et predecessorum meorum domui beati Marie et fratribus de Matun ibidem habitantibus in perpetuam elemosinam Terricum de Nomescort cum familia sua et uxorem Ernaudi dedi et concessi libere et absolute. Et ut hoc ratum permaneat presentem paginam sigilli mei impressione confirmo. Anno ab incarnatione M.CC.I. Datam per manum Bartolomei.

(Sceau rond en cire rouge, au cavalier tourné à droite : l'écusson au contre-sceau.)

1206. Simon de Joinville donne Jobert de Nomescourt et confirme la donation précédente de son père. (Grand sceau rond, au cavalier, cire blanche.)

1209, juillet. Simon, sire de Joinville, déclare qu'Aubert de Brachy, son homme-lige, a donné aux frères de la maison de Mathons la rente d'un muid de blé-avoine, mesure de Joinville, sur Brachy et Flammerecourt, et quatre fauchées de pré sises entre Brachey et Charmes, une masure à Brachey « pro homine uno eorum quem voluerint ibidem libere et absolute mansuro et usuaria in villa et nemoribus habituro. » Gautier de Charmes ajoute à ce don

---

par bulle de 1317, en abbaye en 1621. — Nous ne nous en occupons pas ici, parce qu'elle appartenait à l'ancien diocèse de Troyes. Ses archives sont conservées au dépôt départemental de l'Aube.

celui d'une fauchée contiguë aux précédentes. — Gérard, notaire du seigneur.

1224, juin. Etienne, doyen de Saint-Laurent de Joinville, déclare que Guillaume, évêque de Châlons, comte du Perche, a fait savoir par une charte que Vincent et Adam de Suzannecourt (*Sussanniacuria*), avaient donné à la maison de Mathons une vigne de 25 journels sise à Coillonval. — Ce vidimus de 1275.

1225, mars. Simon, sire de Joinville, sénéchal de Champagne, donne à la maison de Mathons une rente de 5 setiers de blé, mesure de Joinville, sur ses terrages de « Nova villa in Mastu », en échange d'un moulin précédemment donné par lui sur son étang de Joinville avec la dîme de la pêche ; de plus, il ajoute, à cause de ses péchés, au profit des deux prêtres demeurant à Mathons, une rente d'un muid de blé sur son four de Neuville et un muid de vin sur les produits de Joinville.

1255, avril. Gaucher, sire de Vignory, donne à la maison de Mathons une rente de 20 sols provinois sur son péage de Vignory à la Saint-Remy, en échange de la rente de 10s sur ledit péage, de 20 anguilles au moulin de Hancourt et d'un *ramerius* « in aqua de Guimonte », précédemment donné par ses père et mère. (Fragment de sceau avec l'écusson au créquier.)

1269, février. Renier, chevalier de Curel, donne à Mathons une rente d'un setier de grains sur sa grange d'Ancigne et sur ses dîmes en quelque lieu qu'il les emmagasine.

1278, décembre. En présence de P., doyen de la chrétienté de Joinville, et de L., curé de Tonnance, Jean, fils d'Ogerelle, et plusieurs autres reconnaissent devoir à chaque vendange un demi-muid de bon vin, mesure de Joinville, à cause de l'ancienne aumône de feu Bernard Faber, sur une vigne au lieudit Marcheval.

1298, février. Hue, prévôt de Joinville, et Pierre de Bienville, curé de Noumescourt, déclarent que Ramon de Noumescourt et sa femme Oudette, ont vendu à Isabelle de Noumescourt, femme du sire de Joinville, leur maison sise devant le moutier de Noumescourt.

1300, 2e fête après la Trinité. N., doyen de la chrétienté de Joinville, et Jean, curé, déclarent avoir vu le testament de Milon, dit le Diable, chapelain perpétuel de Saint-Laurent de Joinville, dans un des articles duquel il a donné à Mathons la moitié de sa grosse dîme de Charme-la-Grande pour son obit perpétuel et celui de son frère Hugues.

1304, mars. Hue, prévôt de Joinville, déclare qu'Etienne, fils de Saufroy, a reconnu devoir au prieuré (Guillaume, prieur), une rente de 3 boisseaux de blé sur un champ sis à Nomescourt.

1307. Restitution d'un champ sis à Nomescourt, faite par Henrion le Cordier et sa femme Aveline la bonne Fille, devant Hue Pélerin, prévôt de Joinville.

1311, lendemain de Noël. Jean, sire de Joinville, sénéchal de Champagne, déclare que son fils Jean a légué à la maison de Mathons dix soldées de terre sur la taille de Rups, à la Saint-Remy, pour son obit.

1312. Jean de Joinville, sénéchal de Champagne, et son fils aîné Ancel, sire de Renel, prient Guillaume, prieur de Grandmont, de mander au maître de la maison de Mathons de les autoriser à faire un parc dans les bois de Mathons pour nourrir leurs bêtes sauvages destinées à repeupler la forêt et ce durant trois années, « car nous ne réclamons riens fors que la garde que nous y avons et ne volons que il vous tournoit en nul préjudice ». Fait à Joinville, le mardi avant la Sainte-Croix.

1320, lundi après la Saint-André. Etienne Pylleris, prévôt et maire de Joinville, déclare que Suzanne de Nomescourt, fille de feu Vauthier dit Chaveine, femme de corps des religieux de Mathons, donne à ladite maison tous ses biens, meubles et immeubles, présents et à venir, pour y avoir son pain, sa robe, sa chaussure et sa nourriture sa vie durant.

1323, avril. Ancel, sire de Joinville et de Renel, sénéchal de Champagne, pour faire renoncer les religieux de Mathons à l'usage général qu'ils réclamaient dans ses bois, leur donne 70 arpents en propriété, sis entre les leurs et celui dudit seigneur, dit la Rendue, sans droit de les défricher.

1324. Autre charte du même, portant ledit don, plus l'usage et le pacage dans ses forêts.

1326. Guillaume, chevalier, sire de Doulevent, confirme aux religieux l'usage en ses forêts.

1328. Quittance des droits d'amortissement par Nicolas Thierry de Villemanoiche, député à ce en la baillie de Troyes et Vitry.

1331, samedi après la Chandeleur. Ancel, sire de Joinville et de Renel, sénéchal de Champagne, prenant en considération la grande dévotion de ses prédécesseurs pour la maison de Mathons, fondée par eux, y institue à perpétuité une messe du Saint-Esprit tant qu'il vivra, et de *requiem* après sa mort, pour lui et sa femme, et pour ce donne : « nos jardines seans en nostre forest de Mathon a ceant et avoir en héritaige en tous profis, fruits et toutes issues », sans pouvoir couper aucun arbre vivant, droit de cultiver sous les arbres, y faire une maison et des loges, clore le jardin de fossés ou d'épines non plantées, route suffisante à travers le bois pour aller à l'église du couvent, pour conduire les bêtes, fruits, etc.

1343. Henri, sire de Joinville et de Renel, sénéchal de Champagne, donne 25 soldées de rente sur un jardin à Nomescourt, en échange des hommes que les religieux avaient en ce lieu.

1354. Devant Eustache dit le Sage, maire de la commune de Joinville, Cherels, fils de feu Jean Arnoudier, du ban Saint-Jacques, bourgeois de Joinville, et sa femme Marguerite, donnent une maison, sise audit ban, à charge d'un obit annuel avec vigiles.

1419. Antoine de Lorraine, seigneur de Rumigny, Boves, Joinville, comte de Vaudemont, approuve le don d'une place, rue Saunaire à Joinville, pour y construire une maison, fait par Jeannette la Garine, fille de feu Aubert le Serrier, bourgeois et maire de Joinville; le comte réclamant seulement un service annuel le 3 novembre pour lui et ses hoirs.

Nous trouvons dans ce fonds, dit des Bonshommes de Mathons, trois pièces concernant la maison du même ordre, fondée à la porte du château de Châteauvillain et que dota richement Hugues de Broyes, seigneur de Broyes et de Châteauvillain, par charte de l'année 1194. M. l'abbé Didier a publié, dans son *Histoire de Châteauvillain*, éditée en 1882, ce document *in extenso*. Voici ces pièces, demeurées inconnues à ce savant ecclésiastique qui ne pouvait deviner leur existence à Châlons.

1306. Jean, seigneur de Châteauvillain, reconnaît ses torts à l'égard de ce qu'il réclamait aux Bonshommes de ce lieu pour leur passage dans leurs bois; qu'il ne pouvait y faire mener ses porcs; qu'il ne doit avoir que deux fours en ville, « et se nous avons cuit ou fait cuire au four de nostre maison, nous cognoissons que ce fut en cas de nécessitez. »

1348. Michel Biche, tabellion, garde du scel des baux et octrois de la terre de Madame de Châteauvillain, la requiert de laisser passer franche les bêtes acquises pour les besoins de la maison des Bonshommes, sise au-dessus de la ville. (Pierre Fouchez, maître gouverneur de la maison.)

1409, 16 août. Jeanne de Grancey, dame de Châteauvillain, et Guillaume, son fils, font savoir que le prieur de Macheret (1) les a ajournés aux Grands Jours de Troyes pour le paiement des arrérages d'une rente de 11ᴸ 10ˢ due sur les censives du lieu à la maison de Châteauvillain : ils s'engagent à payer exactement à l'avenir, réglant le dû à la somme de 30 livres.

1453. Marguerite d'Orléans, comtesse d'Etampes et de Vertus, mande à Coliquet Le Loup, son receveur à Vertus, d'avoir à payer aux religieux et chapelains de l'église Notre-Dame des Bonshommes de Châteauvillain une rente de 104 sols tournois sur la châtellenie de la Ferté-sur-Aube, rente dont ils n'ont rien reçu depuis plus de 30 ans, mais en ordonne la réduction à 40ˢ, jusqu'à nouvel ordre, vu la diminution du revenu.

1484. Tristan de Salazar, archevêque de Sens, prieur de Macheret, déclare que Fr. Henri Regnauld, maître et administrateur de la maison de Châteauvillain, lui a fait savoir que Guillaume Bedel, curé d'Ayssez, chanoine de Châteauvillain, du consentement du seigneur du lieu, fondateur de la maison, a donné une rente de 60ˢ sur divers prés, pour une messe basse avec *De profundis* chaque samedi, la cloche devant sonner la durée d'un *Miserere* en finissant avec 13 petits coups en souvenir des treize apôtres.

---

(1) La maison avait été aussi unie à Macheret.

www.ingramcontent.com/pod-product-compliance
Lightning Source LLC
LaVergne TN
LVHW022209080426
835511LV00008B/1657